計算と熟語

6年

改訂新版

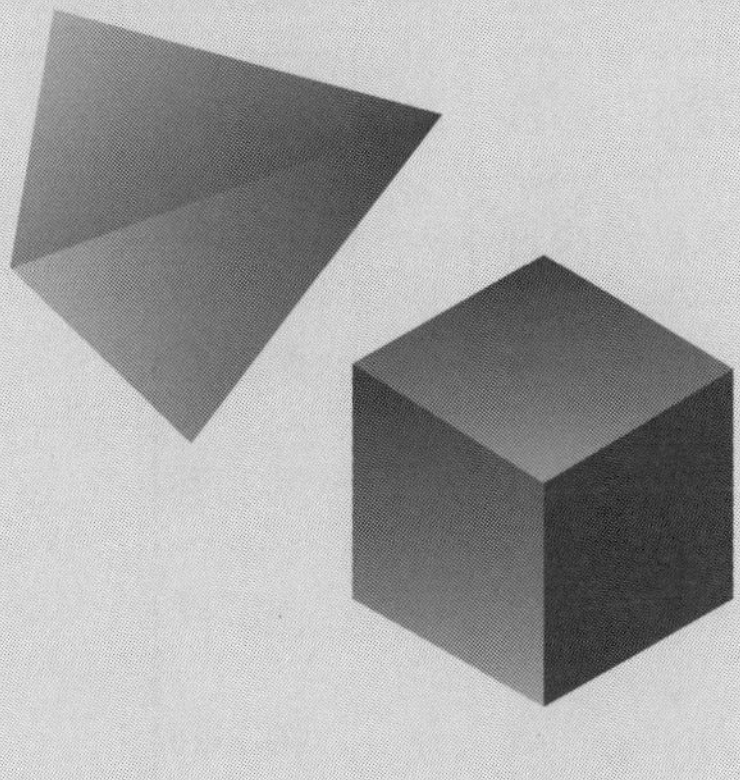

取り組んだ日

第１回	月　日
第２回	月　日
第３回	月　日
第４回	月　日
第５回	月　日
第６回	月　日
第７回	月　日
第８回	月　日
第９回	月　日
第10回	月　日
第11回	月　日
第12回	月　日
第13回	月　日
第14回	月　日
第15回	月　日
第16回	月　日
第17回	月　日
第18回	月　日
第19回	月　日
第20回	月　日

第21回	月　日
第22回	月　日
第23回	月　日
第24回	月　日
第25回	月　日
第26回	月　日
第27回	月　日
第28回	月　日
第29回	月　日
第30回	月　日
第31回	月　日
第32回	月　日
第33回	月　日
第34回	月　日
第35回	月　日
第36回	月　日
第37回	月　日
第38回	月　日
第39回	月　日
第40回	月　日

この本の使い方

●一度学習したところもくり返しやってみると、力がより確実になります。そのため計算や答えは直接書きこまずに、ノートに書くとよいでしょう。

●全部で 40 回分あります。1 回分は、計算が 8 問、熟語が 10 問です。かける時間の目安は、計算が 20 分、熟語が 10 分。自分がかかった時間を書きこんでおきましょう。

●1 問ごとにチェックらんがあるので、まちがえた問題はチェックしておくと、次にやるときには注意して取り組むことができるでしょう。

●すべてやり終えたら、2 回目、3 回目とチャレンジしてみましょう。2 回目以降は少しずつ時間を短くしていくようにすると、さらに力がついていきます。

計算 第1回 〈かかった時間______分〉

□ ① $1\frac{3}{4} \times 2\frac{2}{5} \div 4\frac{2}{3} = \square$ （森村学園）

□ ② $\frac{5}{9} \div 1\frac{2}{3} \times 6 = \square$ （横浜国立大学附属横浜）

□ ③ $5 \times 2 \times 3.14 + \square \times 2 \times 3.14 = 125.6$ （恵泉女学園）

□ ④ $2340 \div 15 + 2340 \div 12 + 2340 \div 13 = \square$ （栄光学園）

□ ⑤ $759500 \div 3650 = \square$ 余り $\square$ （成城学園）
（答えは1の位まで求め，余りも出しなさい。）

□ ⑥ 200 より大きくて，24 で割っても，30 で割っても 15 余る数で，最も小さな数は □ です。 （清泉女学院）

□ ⑦ 5 で割れば 3 余り，7 で割れば 5 余る整数のうちで，100 に最も近い数は □ です。 （昭和女子大学附属昭和）

□ ⑧ 234 を割ると 14 余るような整数は □ 個あります。
（芝）

第一回 〈かかった時間　　分〉

□ (一) 絵画のテンラン会に行く。

□ (二) 食べ過ぎたのでイグスリを飲んだ。

□ (三) 事実によってニンシキを改める。

□ (四) シュウトク物を交番に届ける。

□ (五) 生物は環境《かんきょう》にジュンノウする。

□ (六) 長年チョゾウした酒をふるまう。

□ (七) 多くの人からヒナンを受ける。

□ (八) ヘイゼイから危機に備える。

□ (九) その提案にイギを唱える。

□ (十) 運動選手の体はキンセイがとれている。

計算 第2回　〈かかった時間＿＿＿分〉

□ ①　$2\frac{3}{4}+\frac{5}{12}-1\frac{1}{3}=$ □　（桐朋）

□ ②　$763.04\times325.91=$ □
（四捨五入して，上から２けたの概数《がいすう》にして計算し，答えも上から２けたの概数にしなさい。）　（横浜国立大学附属横浜）

□ ③　$91.8\div($ □ $+1.6)\times2.4=7.2$　（香蘭女学校）

□ ④　$\frac{3}{4}+$ □ $\div\frac{14}{15}=4\frac{1}{2}$　（桜蔭）

□ ⑤　$68\div(3\times$ □ $-67)=4$　（成城学園）

□ ⑥　５で割れば２余り，６で割れば３余り，８で割れば５余る数で，500 にいちばん近い数は □ です。　（明治大学付属中野）

□ ⑦　18 分と 24 分ごとに鳴る２つのかねが，午前 10 時にいっしょに鳴ったら，次は午前 □ 時 □ 分にいっしょに鳴ります。　（東洋英和女学院）

□ ⑧　連続した 12 個の奇《き》数があります。その最大の数と最小の数との比は３：１です。最小の数は □ です。　（横浜共立学園）

熟語

第二回

〈かかった時間　　分〉

□ ㈠ あのパン屋の店員はアイソウがよい。

□ ㈡ 最後の切り札をオンゾンしておく。

□ ㈢ 明日は日食のカンソクをやろう。

□ ㈣ 右の図をカクダイすると、この図になる。

□ ㈤ その家のデマドには花がかざられていた。

□ ㈥ 創立百周年の式典をセイダイにとり行う。

□ ㈦ ぼくは神社にキョウミがあるのです。

□ ㈧ 人のため、なるべくクドクをほどこすこと。

□ ㈨ どうもケンアクなふんいきですね。

□ ㈩ 大臣はコウシともにおいそがしい方です。

計算　第3回　〈かかった時間______分〉

□ ①　$45 \div 12 \div 6 \times 8 = \square$　（青山学院）

□ ②　$1 - \frac{1}{4} \div \left\{1 - \frac{1}{4} \times \left(1 - \frac{1}{5}\right)\right\} = \square$　（学習院女子）

□ ③　$1 - (0.1 + 0.01 - 0.001) \times 0.1 = \square$　（聖光学院）

□ ④　Ａの$\frac{3}{2}$とＢの$\frac{2}{3}$が等しいとき，Ａ：Ｂの比の値《あたい》は□です。　（桜蔭）

□ ⑤　$\frac{1}{2} + \left(2.125 - \frac{2}{3}\right) \div 2\frac{11}{12} = \square$　（大妻）

□ ⑥　$7.5 \times \left(\frac{5}{8} - 0.25\right) \times 1\frac{3}{5} \div \left(2\frac{1}{4} - 1\frac{3}{4}\right) = \square$　（ラ・サール）

□ ⑦　□に$1\frac{1}{3}$をかけるのに，まちがえてその逆数をかけたため，答えが7小さくなりました。　（青山学院）

□ ⑧　10から1000までの整数のなかで，4で割ると1余り，また7で割ると5余る数のうち，最も小さい数は□で，最も大きい数は□です。　（桐蔭学園）

熟語　第三回

〈かかった時間　　分〉

□ (一) 彼《かれ》はその仕事にジュクレンしている。

□ (二) 子どものうちからシセイをくずさないように。

□ (三) 思わぬシッタイが生じた。

□ (四) 彼女《かのじょ》の願いがジョウジュするとよいのだが。

□ (五) 他人にやさしくジコに厳しくを心がけよう。

□ (六) 今朝はズツウがひどくて起きられなかった。

□ (七) 彼《かれ》はすばやく事故にタイショした。

□ (八) ナタネから油をとる。

□ (九) 不足の物資は早くホキュウしておこう。

□ (十) あの地方はヨウサンがさかんだった。

計算　第4回　〈かかった時間＿＿＿分〉

□ ①　$3+6+9+12+15+18+21+24+27=$ □

（東洋英和女学院）

□ ②　$\left(\square+\frac{1}{3}\right)\times\frac{4}{5}=\frac{2}{3}$

（東京学芸大学附属世田谷）

□ ③　$\left(1.125-\frac{3}{4}\times\frac{5}{6}\right)\times2.5=$ □

（聖光学院）

□ ④　$\left(1\frac{2}{5}\div0.75-0.7\times\frac{5}{3}\right)\div\frac{7}{3}=$ □

（灘）

□ ⑤　10000 秒は □ 時間 □ 分 □ 秒です。（芝）

□ ⑥　次の 3 つの数 7.1，$\frac{93}{13}$，2.5 × 2.85 を大きい順に並べると □ ＞ □ ＞ □ です。

（横浜共立学園）

□ ⑦　3 けたの数で，2 または 3 で割り切れる数は □ 個あります。

（駒場東邦）

□ ⑧　A さんの年齢《れい》の 3 倍と姉の年齢の 8 倍の和は 170 歳《さい》です。姉の年齢で考えられるのは □ 歳と □ 歳の 2 通りです。

（聖光学院）

第四回

〈かかった時間　　分〉

□ (一) 大会出場選手に選ばれたがジタイした。

□ (二) それには市役所のニンカが必要ですよ。

□ (三) あの店にはいろいろな物がテンジされている。

□ (四) 合格の知らせに父はソウゴウをくずして喜んだ。

□ (五) 時のスイイは早いものだ。

□ (六) 彼《かれ》は十三歳《さい》のときからA名人にシジしている。

□ (七) 悪いことをすればセイサイを加えられる。

□ (八) 野菜を食べてチョウナイ環境《かんきょう》を整える。

□ (九) 国民のシュクジツは一年に何日ありますか。

□ (十) 当日には必ずハンカチをショジすること。

計算　第5回　〈かかった時間＿＿＿分〉

□　①　$9\frac{7}{8}+6\frac{4}{5}-3\frac{1}{2}=\square$　（昭和女子大学附属昭和）

□　②　$16:14=\square:21$　（東京学芸大学附属世田谷）

□　③　$\frac{5}{12}\times(2\times\square-3)=1\frac{2}{3}$　（フェリス女学院）

□　④　$\left\{\frac{5}{6}-\left(\square-\frac{1}{6}\right)\right\}\times\frac{2}{3}+\frac{1}{2}=1$　（聖光学院）

□　⑤　$(69\times1.414-2.828\times22)\times4-70.2\times2=\square$

（横浜雙葉）

□　⑥　$\left(8\frac{1}{3}+1.75\right)\times\frac{4}{11}\div5-\frac{1}{6}=\square$　（学習院）

□　⑦　500から3000までの間に，12と35の公倍数は□個あります。

（横浜共立学園）

□　⑧　次の式で，xとyにあてはまる1けたの整数は，

xは□，yは□です。

$\frac{4}{x}-\frac{x}{4}=\frac{7}{12}$　　$\frac{y}{6}-\frac{6}{y}=\frac{5}{6}$　（学習院女子）

熟語

第五回

〈かかった時間　　分〉

□ (一) ムナモトに付けているのは母にもらったブローチだ。

□ (二) 父は高校時代のオンシに会って話しこんだ。

□ (三) やはり親にはコウコウすべきなのだ。

□ (四) 彼《かれ》はおどけたクチョウでそう言った。

□ (五) 会社のカブケンを買って投資する。

□ (六) ギモンを感じたら、すぐに調べてみよう。

□ (七) 富士山は世界一美しいといったらカゴンだろうか。

□ (八) 折りたたみ式のカンイベッドを買った。

□ (九) あの記念切手にどうしてもアイチャクがあるのだ。

□ (十) 無限な広がり、それはウチュウである。

計算　第6回　〈かかった時間＿＿＿＿分〉

□ ①　$\frac{7}{2}$直角の $\boxed{}$ 倍は105度です。　（香蘭女学校）

□ ②　$A:B=1\frac{1}{2}:1\frac{1}{3}$で，Aが36のとき，Bは $\boxed{}$ です。　（成城学園）

□ ③　$8-2\times(\boxed{}-1.3\times2)=5.2$　（昭和女子大学附属昭和）

□ ④　$0.2-\left\{1-\left(\boxed{}-\frac{1}{2}\right)\right\}\times\frac{1}{2}=\frac{7}{60}$　（聖光学院）

□ ⑤　$2\frac{2}{5}\times\left(\frac{1}{2}-\frac{1}{3}\right)\times\frac{3}{7}\div\frac{9}{20}-\frac{1}{3}\div7=\boxed{}$　（東洋英和女学院）

□ ⑥　$\left(\frac{5}{9}-\frac{1}{4}\right)\times\frac{6}{5}\div\left\{\left(2\frac{1}{6}+1\frac{1}{2}\right)\div\frac{1}{3}\right\}=\boxed{}$　（浅野）

□ ⑦　ある数から7を引いてから12で割るところ，あやまって12で割ってから7を引いたので，答えが$\frac{55}{12}$になりました。正しく計算すると $\boxed{}$ になります。　（栄光学園）

□ ⑧　次の(ア)～(エ)の4つの式を計算した数のうち，29にいちばん近いものは $\boxed{}$ です。（記号で答えなさい。）

(ア)　$29\times1\frac{1}{9}$　　(イ)　$29\div\frac{8}{9}$

(ウ)　0.88×29　　(エ)　$1.1\times17+1.1\times12$　（青山学院）

第六回　〈かかった時間　　分〉

□ (一) サギ師はシタサキ三寸で金をだまし取る。

□ (二) ちょっとしたガイショウでも、よく手当てをしよう。

□ (三) これはたいへんキチョウな資料だよ。

□ (四) お盆《ぼん》には故郷にキセイする人で新幹線が混む。

□ (五) お風呂《ふろ》が故障したのでセントウに行く。

□ (六) この一件はゴクヒあつかいにすべきだ。

□ (七) 神戸《こうべ》のシガイは六甲《ろっこう》山のすそに位置する。

□ (八) 力士がドヒョウぎわでふんばる。

□ (九) 当分の間、面会シャゼツですよ。

□ (十) オサナゴコロにも事の重大さがわかったようだった。

計算　第7回　〈かかった時間＿＿＿分〉

□ ① $(65 \div 7 + 40 \div 7) \div 3 \times 5 = \square$ （昭和女子大学附属昭和）

□ ② $1 - \left(\frac{35}{49} - \frac{26}{39}\right) \times 14 = \square$ （青山学院）

□ ③ $6958 \div 875 = \square$ （学習院女子）
（答えは割り切れるまで小数で求めなさい。）

□ ④ $\frac{1}{2 \times 3} + \frac{1}{3 \times 4} + \frac{1}{4 \times 5} + \frac{1}{5 \times 6} = \square$ （浅野）

□ ⑤ $11\frac{2}{3} \times 2\frac{2}{7} - 10.2 + 2.6 \div \frac{3}{4} = \square$ （栄光学園）

□ ⑥ $\frac{3}{11}$を小数に直すと，小数第５位の数字は $\square$ になります。また，このときの小数第37位の数字の求め方を説明しなさい。 （栄光学園）

□ ⑦ １から51までの数で，偶《ぐう》数を全部加えたものと，奇《き》数を全部加えたものとでは，$\square$ 数のほうが $\square$ 大きいです。 （横浜雙葉）

□ ⑧ 215と，ある数との最大公約数は43で，最小公倍数は1505です。ある数とは $\square$ です。 （ラ・サール）

熟語　第七回

〈かかった時間　　分〉

□ (一) その時あるアイデアがノウリにひらめいた。

□ (二) キリスト教のデンドウにはげむ人たち。

□ (三) 人手不足のタイサクを打ち合わせる。

□ (四) 教室の中でランボウしてはいけません。

□ (五) 七回の表までＡ校がユウセイでした。

□ (六) 国内を荒《あ》らす者はボウコクの徒だ。

□ (七) 彼《かれ》の話はブナンだったがおもしろくなかった。

□ (八) 銀行のヨキン残高をチェックする。

□ (九) 働くならショウライ性のある会社がよい。

□ (十) チームのトウソツは監督《かんとく》の仕事だ。

計算 第8回　〈かかった時間＿＿＿＿分〉

□ ①　$13.26 - 5.8 + 0.435 \times 4 = \square$　（東洋英和女学院）

□ ②　$56 + \{42 \div 7 - (60 - 16 \times 3) \div 4\} \times 8 = \square$　（早稲田実業学校）

□ ③　$\frac{1}{12} \times 3 + 3 \div 1\frac{1}{3} = \square$　（学習院）

□ ④　$23.6 + 2 \times (38.7 - 18.3 + 21.5) + 0.4 = \square$　（慶應義塾中等部）

□ ⑤　$1.5 \div 0.625 \times 3.84 \div 0.75 \times 1.25 \div 1.28 = \square$　（聖光学院）

□ ⑥　２本の対角線の長さが，それぞれ1.25m，96cmのひし形の面積は□㎡です。　（慶應義塾中等部）

□ ⑦　縮尺１：25000の地図の上で6.8cmに表されている距離《きょり》は，実際には□kmです。　（東京女学館）

□ ⑧　右の台形の面積は□㎠です。　（聖光学院）

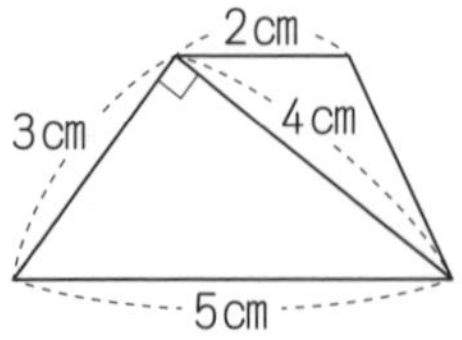

熟語

第八回

〈かかった時間　　分〉

□ (一) むだなチョウフクはさけなければならない。

□ (二) 物で借金をソウサイする。

□ (三) その事件はシュウチのことだ。

□ (四) ネコの魂《たましい》がジョウブツするよう墓をたてた。

□ (五) ぼくの生活シンジョウは勉強することだ。

□ (六) 彼《かれ》は雑念を捨て、修行《しゅぎょう》にショウジンした。

□ (七) 被災《ひさい》した人々をキュウサイする。

□ (八) おじは農作業にジュウジしている。

□ (九) 下宿先に月々のヤチンをはらう。

□ (十) 自分のヤクワリを果たすために努力する。

計算 第9回 〈かかった時間＿＿＿分〉

□ ① $400-(113+37)\div 25=$ □ （学習院）

□ ② 2.1㎡：1200㎠をできるだけ簡単な比で表すと，
□：2になります。 （明治大学付属明治）

□ ③ 4日10時間35分÷□＝21時間19分 （香蘭女学校）

□ ④ $326\times 48-9105=$ □ （慶應義塾中等部）

□ ⑤ $\dfrac{11}{56}+\left(3\dfrac{3}{44}-0.7\right)\div 70=$ □ （開成）

□ ⑥ 底辺が$9\dfrac{3}{5}$cmで，面積が$7\dfrac{1}{2}$㎠の三角形の高さは
□cmです。 （学習院女子）

□ ⑦ 縮尺$\dfrac{1}{10000}$の地図で5mmの距離《きょり》は，縮尺$\dfrac{1}{500}$の地図では
□cmとなります。 （昭和女子大学附属昭和）

□ ⑧ 右の図の角xは□度です。

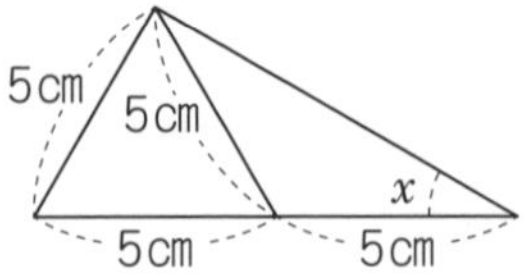

（東京女学館）

熟語

第九回

〈かかった時間　　分〉

□ ㈠ 少年は一人、公園のスナバで遊んでいた。

□ ㈡ ウミガメのサンランの場面を見て感動した。

□ ㈢ 美しい花は静かにカンショウしましょう。

□ ㈣ どうもその意見にはガテンがいかない。

□ ㈤ 彼《かれ》の病気はカイホウに向かっているそうだ。

□ ㈥ ウムを言わせずに引っ張りこむ。

□ ㈦ すばらしいエンソウを聴《き》いて感動した。

□ ㈧ 子どもたちが遊びつかれたころガイロに灯《ひ》がともる。

□ ㈨ 和室のショヅクエで宿題をする。

□ ㈩ 健全な社会を築くためにキリツある生活を送る。

計算　第10回　〈かかった時間＿＿＿分〉

□ ①　$\{(98-76)\times 5-43\}-21=\square$　（森村学園）

□ ②　$60\times\square+1.5=6.3$　（浅野）

□ ③　$1\frac{1}{13}\times\frac{2}{3}+1\frac{1}{2}\div\frac{13}{14}=\square$　（桐蔭学園）

□ ④　□時間□分□秒$\times 12=16$時間44分　（昭和女子大学附属昭和）

□ ⑤　$\left(9\frac{5}{7}-7\frac{3}{5}\right)\div\square\times 7=2$　（学習院）

□ ⑥　□m²の広さは，縮尺$\frac{1}{50000}$の地図の上では2cm²となります。　（香蘭女学校）

□ ⑦　0.01m³は，1辺2cmの立方体□個分の容積です。　（青山学院）

□ ⑧　図の長方形で，斜線《しゃせん》の部分の面積が6cm²とすると，三角形CEFの面積は□cm²です。

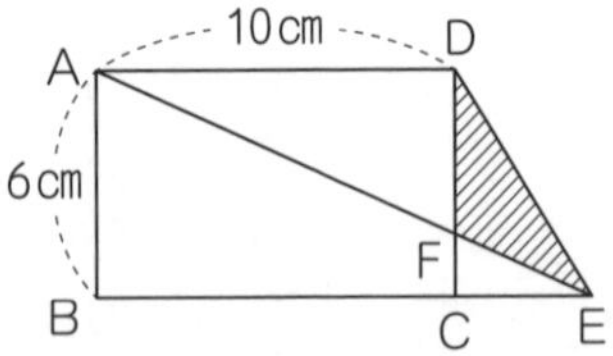

（青山学院）

熟語

第十回

〈かかった時間　　分〉

□ (一) 複数の案を比べてケントウする。

□ (二) まるでコンジョウの別れのように悲しんだ。

□ (三) あの映画は一見のカチありといえる。

□ (四) セボネが曲がると生活にも支障があるそうだ。

□ (五) 結婚《けっこん》式でシュクジを述べる。

□ (六) セイジュクした柿《かき》の実が落ちる。

□ (七) 友人と利益をセッパンする。

□ (八) クラスの作文を印刷してサッシにする。

□ (九) 彼女《かのじょ》はダンコとして自分の意見を主張した。

□ (十) チスイ工事によってこの川の流れもよくなった。

計算 第11回 〈かかった時間＿＿＿分〉

□ ① $9 \div 1.25 - 3.6 \times 1.5 =$ □ （森村学園）

□ ② $(17 + 23) \div \{(9 - 5) \times 2\} =$ □ （東洋英和女学院）

□ ③ $1 + 1.25 \times 1\frac{3}{5} - 4\frac{7}{8} \div 6\frac{1}{2} =$ □ （桐朋）

□ ④ $0.125 \times 24.8 - 0.0125 \div 0.025 =$ □ （桐蔭学園）

□ ⑤ 2時間50分÷4時間15分＝□ （学習院女子）

□ ⑥ 内のりが，たて1.8 m，横90㎝，深さ5.6㎝の直方体の容積は□dLです。 （聖光学院）

□ ⑦ 縮尺$\frac{1}{25000}$の地図上で40㎝の道のりを時速4㎞で歩くとすれば，□時間□分かかります。 （明治大学付属中野）

□ ⑧ 右の図はある立体の展開図です。この立体の体積を求めると，□㎤です。 （学習院）

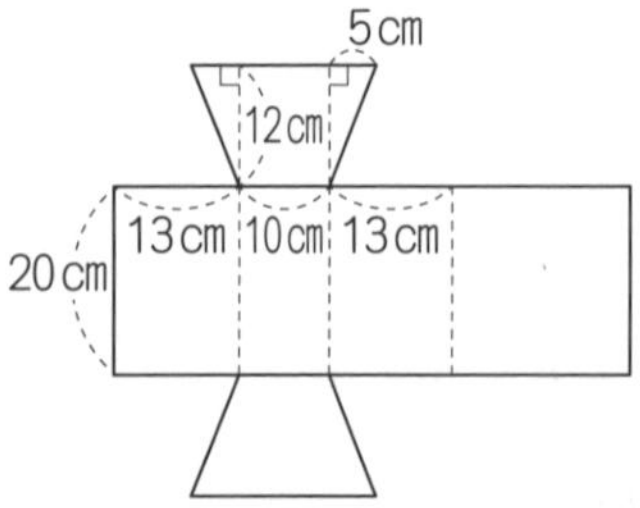

第十一回　〈かかった時間　　分〉

□ (一) 昔の家屋のテンジョウは高い。

□ (二) この財布の材料はヒカクである。

□ (三) これさえできればホンモウだ。

□ (四) リッパな人が、金持ちとは限らない。

□ (五) 彼《かれ》はリロンだけで何も実行しない。

□ (六) 父のユイゴンで私は出家した。

□ (七) 姉のフクソウはとても個性的だ。

□ (八) 口答えをしたらフキョウを買った。

□ (九) 落語家は二つ目になるとハオリを着る。

□ (十) テイサイばかり気にして内容がともなわない。

計算　第12回　〈かかった時間＿＿＿＿分〉

□ ①　$1-\frac{1}{12}\div\frac{1}{8}=$ □　（清泉女学院）

□ ②　$8\times8\times7.39+12\times12\times\frac{1}{4}\times7.39=$ □　（早稲田）

□ ③　$\frac{4}{5}:8.4=$ □ $:7$　（学習院女子）

□ ④　$50\div\frac{1}{5}-250\times\left(1-\frac{1}{2}-\frac{1}{3}-\frac{1}{6}\right)=$ □

（フェリス女学院）

□ ⑤　$0.1\times0.3\times100+0.4\times0.8\div0.01=$ □　（聖光学院）

□ ⑥　たて 9cm，横 15cm，高さ 7cmのふたのない直方体の箱があります。板の厚さはどこも 5mmです。この箱の容積は □ Lです。　（山脇学園）

□ ⑦　半径 3cm，面積 18.84㎠のおうぎ形の周の長さは □ cmです。　（桜蔭）

□ ⑧　右の図の斜線《しゃせん》部㋐のまわりの長さは □ cmで，面積は □ ㎠です。（ただし，円周率は 3.14 とし，小数第 3 位を四捨五入して，小数第 2 位まで求めなさい。）

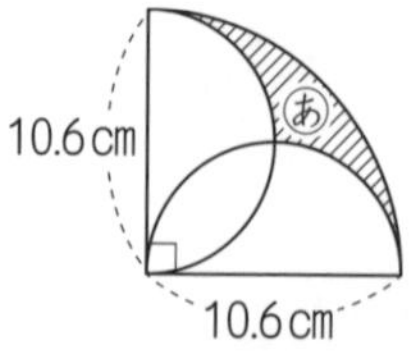

（栄光学園）

第十二回　〈かかった時間　　分〉

□ (一) 怪物《かいぶつ》も恐《おそ》れをなしてタイサンした。

□ (二) あの人は子どものころからタンキュウ心が強い。

□ (三) セツドある生活を心がける。

□ (四) タカラブネには七福神が乗っている。

□ (五) 山積みされた仕事をどんどんショリした。

□ (六) あの人は心だけでなくヨウシも美しい。

□ (七) 昔にくらべサッコンの若者はしっかりしている。

□ (八) 国民のショウニンを得るには時間がかかるだろう。

□ (九) 海岸には心地よいシオカゼがふいていた。

□ (十) 構内の立ち入りにはキョカが必要だ。

計算　第13回　〈かかった時間＿＿＿分〉

□　① 6時間：3日＝□：12　（香蘭女学校）

□　② $1\frac{2}{3}\times 0.9-0.75\div 1\frac{1}{8}=$□　（横浜共立学園）

□　③ $\left\{\frac{3}{4}-\left(2-1\frac{1}{3}\right)\right\}\div\left(2\frac{2}{3}-\frac{3}{2}\times\frac{5}{6}\right)=$□　（芝）

□　④ $18.56\times 4.3+32.75\div 10\times 43-1.31\times 4.3=$□　（学習院）

□　⑤ 10.5 ÷ 3.57 を小数第1位まで計算すると，余りは□です。　（大妻）

□　⑥ 6ha ＋ 2000000㎠＋ 1000㎡＝□a　（香蘭女学校）

□　⑦ 100万分の1の地図の上で5.5cmある距《きょ》離《り》を，時速400kmの飛行機で飛ぶと，□分□秒かかります。　（フェリス女学院）

□　⑧ 三角形ＡＢＣで，角Ａは85度，角Ｂは35度です。図の角㋐：角㋑は2：1になっています。角㋐は□度です。

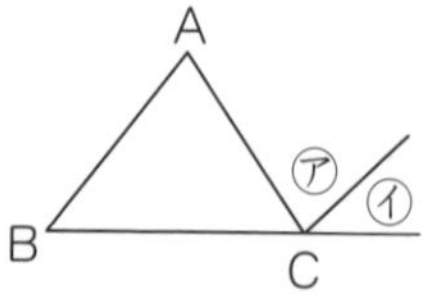

（横浜国立大学附属横浜）

熟語

第十三回　〈かかった時間　　分〉

□ (一) 父は、航空会社にキンムしている。

□ (二) お酒などにかかる税は、カンセツ税です。

□ (三) 雨がふれば運動会はエンキだ。

□ (四) 学校のエンカクを本にした。

□ (五) ガクメン五十万円の小切手を用意する。

□ (六) 魚屋のカンバンには、魚の絵がかいてある。

□ (七) ここに大物バッターが加われば、まさに鬼《おに》にカナボウだ。

□ (八) 平安時代はキゾクが実権をにぎっていた。

□ (九) 日本の地下シゲンは少ない。

□ (十) 被《ひ》災《さい》者に食物をキョウキュウする。

計算 第14回 〈かかった時間＿＿＿分〉

□ ① $6 \times 13 \times 21 + 6 \times 13 \times 7 - 6 \times 13 \times 8 =$ □

（成城学園）

□ ② 210 度＝ □ 直角 （東京女学館）

□ ③ $\frac{4}{5} + \left(3\frac{2}{5} - \frac{1}{3} + 2\right) \div \frac{1}{6} \times \frac{2}{19} =$ □ （早稲田）

□ ④ 0.07 日＝ □ 時間 □ 分 □ 秒 （成城学園）

□ ⑤ $\left(\frac{4}{5} - 0.6\right) \div \frac{1}{3} + 1.8 \times \frac{5}{9} - 0.3 \times 4 =$ □ （開成）

□ ⑥ 0.034㎡の 0.75 倍は □ ㎠となります。 （桐蔭学園）

□ ⑦ 5 万分の 1 の地図で 4㎝は，実際には □ ㎞です。

（学習院女子）

□ ⑧ 右の図のように，大小 2 つの円が重なっています。重なった部分の面積は大きい円の $\frac{1}{18}$ で，小さい円の $\frac{1}{8}$ です。

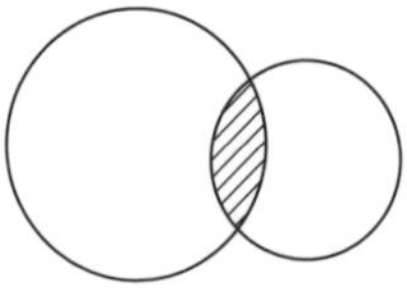

大きい円と小さい円の半径の比は

□ ： □ です。 （ラ・サール）

熟語

第十四回　〈かかった時間　　分〉

□ (一) 江戸《えど》バクフは二五〇年以上続いた。

□ (二) 秋は昼と夜のカンダンの差が大きい。

□ (三) その画家の作品にサンビの声が起こった。

□ (四) 多くのシレンをこえて旅を続ける。

□ (五) 昔、家の地下にアナグラがあった。

□ (六) 大きな包みだが、ショウミは少しである。

□ (七) 彼《かれ》は私の三十年来のシュクテキである。

□ (八) 暗い夜道はキケンだ。

□ (九) 時間をタンシュクして能率をはかる。

□ (十) 流れ着いたナンミンを助けよう。

計算 第15回 〈かかった時間＿＿＿分〉

□ ① $\frac{7}{2} \div \left(1 - \frac{1}{2} + \frac{2}{3}\right) = \square$ （香蘭女学校）

□ ② $\left(\frac{5}{7} \div \square - 1\right) \times 1\frac{5}{19} = \frac{12}{133}$ （開成）

□ ③ $6 - 4 \times \frac{1}{2} - (17 - 5) \div 3 = \square$ （学習院）

□ ④ $120 + (3 \times \square + 5) \times 6 = 870$ （慶應義塾中等部）

□ ⑤ $\left(\frac{1}{2} + \frac{1}{3}\right) \times \square + \frac{1}{12} \div \frac{1}{3} = \frac{1}{2}$ （筑波大学附属駒場）

□ ⑥ 底辺の長さが $5\frac{1}{7}$ cm，高さが □ cmの三角形の面積は，たて，横の長さがそれぞれ $2\frac{1}{2}$ cm，$3\frac{3}{5}$ cmの長方形の面積に等しいです。 （栄光学園）

□ ⑦ 25000 分の 1 の地図上で，底辺が 6cm，高さが 4cmの三角形の土地の実際の面積は □ km²です。 （成城学園）

□ ⑧ 右の図の斜線《しゃせん》の部分の周の長さは □ cmです。（ただし，正方形の一辺の長さは 6cmで円周率は 3.14 とします。）

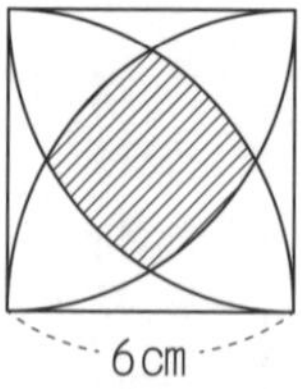

（山脇学園）

第十五回　〈かかった時間　　分〉

□ (一) 「良いおヒヨリですね。」とあいさつされた。

□ (二) 四人ずつヘイレツして進むよう指示する。

□ (三) 父は祖父をソンケイしている。

□ (四) 呼吸にはシンパイ機能が働いている。

□ (五) 夏にはリンジ列車が出る。

□ (六) 信号をムシしてはいけない。

□ (七) このくやしさはヒツゼツにつくしがたい。

□ (八) ナットクするまで話し合いを続ける。

□ (九) 大きな災害が起こるチョウコウが見られた。

□ (十) AをゼンテイとしてBという結論を出す。

計算　第16回　〈かかった時間______分〉

□ ①　$2.7 \div 0.3 \times 15 - 18 =$ [　　　]　（聖光学院）

□ ②　$\left(2\frac{1}{3} - \boxed{} \times \frac{5}{6}\right) + 3\frac{1}{7} = 5$　（横浜共立学園）

□ ③　$\frac{202}{303} - \frac{444}{999} =$ [　　　]　（学習院女子）

□ ④　$\left(\frac{1}{2} - \frac{1}{3}\right) - \left(\frac{1}{4} - \frac{1}{5}\right) + \left(\frac{1}{3} - \frac{1}{4}\right) - \left(\frac{1}{5} - \frac{1}{6}\right) =$ [　　　]　（成城学園）

□ ⑤　$9\frac{1}{3} \div \left\{2\frac{7}{12} - \left(\frac{3}{8} + \frac{1}{6}\right) \times 2\frac{4}{13}\right\} =$ [　　　]　（栄光学園）

□ ⑥　$197.4 \times 210 - \{1979 - 54 \div (2 + 1) + 13\} \div \frac{1}{21} =$ [　　　]　（早稲田実業学校）

□ ⑦　5㎤の重さが43ｇの物質でできている三角柱の高さが22㎝，底面積が[　　　]㎠のとき，重さは1324.4ｇです。　（東洋英和女学院）

□ ⑧　次の図の中に，大中小３つの正方形があります。ＡＢ：ＢＣ＝１：３とするとき，中と小の正方形の面積の比は[　　　]：[　　　]となります。　（女子学院）

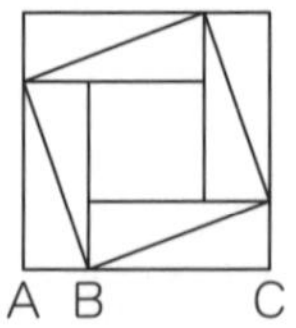

熟語

第十六回　〈かかった時間　　分〉

□ (一) 壁《かべ》のいたずら書きはいったいだれのシワザだ。

□ (二) モデルのセンレンされた着こなしにあこがれる。

□ (三) 北陸地方は米のコクソウ地帯である。

□ (四) コウミョウ心をあおって戦場へ行かせる。

□ (五) クツウに顔をゆがめる。

□ (六) 宿の朝食でアジのヒモノが出てきた。

□ (七) このチイキのボランティアを引き受ける。

□ (八) 好きなことについてはカンシンが強い。

□ (九) 本は想像力のゲンセンだ。

□ (十) 父のイサンは莫大《ばくだい》である。

計算 第17回 〈かかった時間＿＿＿＿分〉

□ ① $3.25 \times 8.2 = \square$ （明治大学付属明治）

□ ② $3.57 \div 0.24 \times 1.68 = \square$ （昭和女子大学附属昭和）

□ ③ $4\frac{7}{12} - 2\frac{1}{3} + 3\frac{3}{4} - 2\frac{5}{6} = \square$ （成城学園）

□ ④ $1.5 - \left(\frac{\square}{5} - 0.75\right) \times \frac{5}{3} = \frac{5}{12}$ （浅野）

□ ⑤ $\left(\frac{1}{2} + \frac{3}{4}\right) \times \frac{5}{6} \div \frac{7}{8} - \frac{9}{10} = \square$
（答えは小数で表し，四捨五入して，小数第２位まで求めなさい。） （早稲田実業学校）

□ ⑥ $6 - 3.6 \div 1\frac{2}{3} \times 2\frac{1}{2} + 0.4 = \square$ （東京女学館）

□ ⑦ ご石をつめて正三角形にしたら，外側ひとまわりのご石は27個になりました。ご石は全部で□個あります。
（昭和女子大学附属昭和）

□ ⑧ 記号a◦bを，$a \circ b = \frac{a \times b}{a + b}$と決めます。例えば$4 \circ 3 = \frac{4 \times 3}{4 + 3} = \frac{12}{7}$となります。このとき$(5 \circ 3) \circ 2$を計算すると□になります。 （ラ・サール）

第十七回　〈かかった時間　　分〉

□ (一) 父から権利をイニンされた。

□ (二) 不備な点をカイゼンする。

□ (三) 日本はガンライ農耕民族だろう？

□ (四) 今度できる病院はキボが大きい。

□ (五) ギャッキョウにもめげずよく育った。

□ (六) 神仏が人間の形になって現れることをケシンという。

□ (七) 日本の仏教にはさまざまなシュウハがある。

□ (八) 法隆寺《ほうりゅうじ》は六〇七年にコンリュウされた。

□ (九) 良い悪いをシュシャする。

□ (十) その女の人は真っ赤なクチベニをつけていた。

計算 第18回 〈かかった時間＿＿＿＿分〉

□ ① $10020 - 20 \times (15 + 5 \times 27 \div 3) =$ □ （成城学園）

□ ②

$$
\begin{array}{r}
5622 \\
3359 \\
+)\ \square\square\square\square \\
\hline
11111
\end{array}
$$

（横浜共立学園）

□ ③ $1000 \div 4.3$ の商を整数で求めると，余りは □ となります。 （芝）

□ ④ $0.1 : 0.6 = \frac{1}{3} :$ □ （清泉女学院）

□ ⑤ $2\frac{3}{8} \div \left(12\frac{1}{2} - 2\frac{2}{3} \times 3\frac{1}{2}\right) =$ □ （成城学園）

□ ⑥ $3\frac{1}{2} + \frac{5}{18} \times 1\frac{3}{4} \div \frac{5}{14} - 1\frac{2}{9} \div \frac{1}{3} \div 2\frac{2}{21} =$ □ （東洋英和女学院）

□ ⑦ りんごとみかんが同じ数だけあります。りんご1個とみかん3個を組み合わせてかごに入れていくと，りんごが12個余りました。りんごとみかんは □ 個ずつありました。 （青山学院）

□ ⑧ とも子さんが1人ですると12時間かかる仕事を，まさるさんが1人ですると8時間しかかかりません。この仕事を2人でいっしょにすると □ 時間ですみます。 （森村学園）

熟語

第十八回　〈かかった時間　　分〉

□ (一) この遺跡《いせき》はスイテイ三千年前のものだ。

□ (二) 日本のセンショク技術はすぐれている。

□ (三) 自分のソンザイを知らせよう。

□ (四) 深海をタンケンする。

□ (五) 毎月のお小《こ》遣《づか》いから五百円ずつチョキンする。

□ (六) こちらのほうがトクサクだ。

□ (七) 本文中の注の解説は後のビコウ欄《らん》にある。

□ (八) 私の友人のA氏はメイロウな性格である。

□ (九) 今日は寒いのでフトンをもう一枚かけよう。

□ (十) 入試を前に体調をバンゼンに整える。

計算　第19回　〈かかった時間＿＿＿分〉

□ ①　$\dfrac{3}{4} \div \square = 3\dfrac{1}{2}$　（横浜国立大学附属横浜）

□ ②　$\dfrac{1}{3} \div \dfrac{2}{5} - \dfrac{3}{5} \times \dfrac{20}{21} = \square$　（東京学芸大学附属世田谷）

□ ③　$0.2 \times \left(4\dfrac{2}{3} + \square\right) - \dfrac{4}{5} = 0.8$　（清泉女学院）

□ ④　$\{4 - (\square - 5)\} \times (10 - 8 \div 2) = 6$　（筑波大学附属駒場）

□ ⑤　$\left\{\left(\square + 6\dfrac{1}{2}\right) \div \dfrac{1}{2}\right\} \times 3 = 111$　（森村学園）

□ ⑥　$6\dfrac{1}{4} - \left\{3\dfrac{7}{12} - \left(\dfrac{3}{8} + \dfrac{1}{6}\right) \times 1\dfrac{5}{13}\right\} - 2\dfrac{1}{3} = \square$

（東京女学館）

□ ⑦　今まで8回のテストの平均点は78点でした。次のテストで $\square$ 点をとれば平均点が80点になります。（恵泉女学園）

□ ⑧　AはBの2.5倍であるとき，AとBの平均はAの $\square$ 倍です。

（明治大学付属明治）

熟語　第十九回

〈かかった時間　　分〉

□ (一) 敵のドウセイをさぐる。

□ (二) どうやら、ホケツとして大会に出られそうだよ。

□ (三) 父は小児《しょうに》科がセンモンの医師です。

□ (四) 緊張《きんちょう》がチョウテンに達して手がふるえる。

□ (五) シンゾウがあるのは左側だ。

□ (六) サイバンで彼《かれ》は無罪になった。

□ (七) ゴリンのマークといえば、オリンピックだ。

□ (八) ゲシの日は一年のうちで最も昼の時間が長い。

□ (九) さあ、みんなにキントウに分けましょうね。

□ (十) 将来は同時ツウヤクの仕事につきたい。

計算 第20回 〈かかった時間＿＿＿分〉

□ ① $\left(\frac{3}{5}-\frac{3}{8}\right)\div 2\frac{1}{5}\div\frac{3}{4}=\square$ （明治大学付属明治）

□ ② $\left(56\times\frac{3}{7}-21\right)\times\frac{2}{3}+\square=10$ （横浜共立学園）

□ ③ $(\square+3)\div\frac{3}{4}\times\frac{1}{3}=2$ （学習院女子）

□ ④ $897\times 897+(756-\square)\times 897=897000$ （学習院）

□ ⑤ $23.8\times 2.38-2.39\times 23.7=\square$ （慶應義塾普通部）

□ ⑥ $0.5+\left(\square\div 2\frac{4}{5}-1.2\right)\times\frac{5}{2}=10$ （青山学院）

□ ⑦ 300円で6kg買える品物 □ kgの値段は250円です。
（香蘭女学校）

□ ⑧ 1題3点の問題と1題5点の問題からできているテストがあります。ゆきさんはそのうち20題でき，得点は76点でした。3点の問題が □ 題，5点の問題が □ 題できました。
（昭和女子大学附属昭和）

第二十回　〈かかった時間　　分〉

□ (一) 熊がものすごいギョウソウで追ってきた。

□ (二) 文章はなるべくカンケツに書こう。

□ (三) この人形は二つでイッツイになっているのです。

□ (四) 病人のカンゴのため一睡《いっすい》もしていない。

□ (五) 芝居《しばい》を見ることをカンゲキといいます。

□ (六) 玄関《げんかん》へ出てみると、カキトメ郵便だった。

□ (七) この理論をさらにキュウメイしたい。

□ (八) 女王ヘイカが記念樹を植えられる。

□ (九) ポケットに入れたコゼニが音を立てる。

□ (十) その料理はたいへんコウヒョウでした。

計算 第21回 〈かかった時間＿＿＿分〉

□ ① $320 \times 600 - 605 \times 308 =$ □ （森村学園）

□ ② 2時間45分：3時間の比の値《あたい》は □ です。

（横浜国立大学附属横浜）

□ ③ $1 + [1 \div \{2 + 1 \div (3 + 1 \div 4)\}] \times 30 =$ □ （芝）

□ ④ $3\frac{4}{7} - \left(3\frac{1}{7} - 1\frac{2}{3}\right) \times 2\frac{2}{5} =$ □ （慶應義塾中等部）

□ ⑤ $0.885 \div 3.7 =$ □ 余り □ （慶應義塾普通部）

（商は小数第2位まで求め，余りも出しなさい。）

□ ⑥ $\frac{1}{6}$より大きく，$\frac{1}{3}$より小さい分数で分母が12のとき，分子は □ です。 （大妻）

□ ⑦ 分母を75とする分数で$\frac{3}{5}$以上$\frac{2}{3}$以下の分数の総和を求め，小数で表すと □ となります。 （芝）

□ ⑧ $\frac{6}{7}$と$\frac{7}{9}$の間の数で，分子が13になる分数は □ です。

（聖光学院）

熟語

第二十一回　〈かかった時間　　分〉

□ (一) その湖はシンピ的な美しさをたたえていた。

□ (二) この技をエトクするにはあと三年はかかるよ。

□ (三) まもなくこの列車の発車ジコクです。

□ (四) 父とおじさんはサカモリを始めた。

□ (五) 祖母のしゅみはハイクを作ることだ。

□ (六) お金の出し入れのことをスイトウといいます。

□ (七) お祭りでシャテキに挑戦《ちょうせん》する。

□ (八) ハリアナに糸を通すのはなかなか難しい。

□ (九) プロ野球のカイマク戦のチケットを入手した。

□ (十) クラスのフウキ委員に選ばれた。

計算　第22回　〈かかった時間＿＿＿＿分〉

□　①　$20 : (2 + \square) = \frac{2}{3} : 0.1$　（山脇学園）

□　②　$\{16 \times 6 - (120 \div 4 + 6)\} \div 6 \times 2 = \square$　（成城学園）

□　③　$\frac{5 - \{3 - (\square - 4)\}}{2} : 3 = 1 : 2$　（早稲田実業学校）

□　④　$3.14 \times \square - 3.14 \times 17 = 62.8$　（浅野）

□　⑤　9時間24分49秒×5

＝□日□時間□分□秒

（青山学院）

□　⑥　$\left\{\left(0.5 - \frac{1}{3} + 0.25 - \frac{1}{5}\right) + \square\right\} \div 1\frac{3}{4} = 0.2$

（明治大学付属明治）

□　⑦　$\frac{1}{6}$，$\frac{11}{12}$，$\frac{14}{15}$に，できるだけ小さい同じ整数をかけて，3つをそれぞれ整数にするには，□をかけたらよいです。

（横浜雙葉）

□　⑧　$\frac{4}{7}$に□という整数をかけると，8より大きく15より小さい整数になります。　（浅野）

第二十二回 〈かかった時間　分〉

□ (一) 人間のヨクボウは限りのないものなのだ。

□ (二) 彼《かれ》が出発したのは、そのヨクアサだった。

□ (三) 借金のヘンサイは早いほうがよい。

□ (四) 彼《かれ》はウラオモテのない性格だ。

□ (五) あの方は国語タントウのＫ先生です。

□ (六) 飛行機のソウジュウを習ってみたいなあ。

□ (七) 洋服のキジを見せてください。

□ (八) まもなく卒業生のシャオン会が始まります。

□ (九) この駅のジョウコウ客は毎年増えています。

□ (十) めずらしい生き物のエイゾウをテレビで見た。

計算 第23回 〈かかった時間＿＿＿分〉

□ ① $\left(0.8-\frac{1}{4}\right)\div 0.75=\square$ （桜蔭）

□ ② $\left\{3+\left(37-12\right)\div\frac{1}{5}\right\}\div 4=\square$ （成城学園）

□ ③ $3\,\text{ha} : 125\,\text{m}^2=\square : 1$ （昭和女子大学附属昭和）

□ ④ $\left\{0.22+\left(1-0.3\right)\times\frac{2}{5}\right\}\times 5+\frac{2}{3}=\square$ （青山学院）

□ ⑤ $\left(2.3+2\frac{3}{4}-3.25\right)\div\frac{6}{25}\div\frac{3}{\square}=5$ （浅野）

□ ⑥ $\left(4\times 1\frac{1}{5}-2\div 3\frac{1}{3}\right)\times\square+\frac{2}{5}=2\frac{1}{2}$ （青山学院）

□ ⑦ $\frac{12}{5}$，$\frac{26}{11}$，$\frac{34}{15}$ のうち，2.35 にいちばん近い数は $\square$ です。 （東洋英和女学院）

□ ⑧ $\frac{153}{215}$ の分母に $\square$ を加えると $\frac{3}{5}$ になります。 （桜蔭）

第二十三回　〈かかった時間　　分〉

□ (一) このシュウヘンもやがて住宅地になりますよ。

□ (二) あの記事がゴホウと聞いて安心したよ。

□ (三) 身のケッパクは説明しておこう。

□ (四) 台風のケイコクが関東地方に出された。

□ (五) 足りない費用をなんとかクメンしなければならない。

□ (六) 日本のコウキョは元の江戸《えど》城の位置にある。

□ (七) 鉄棒でうでのキンニクをきたえよう。

□ (八) 答えが正しいかどうかカクニンしなさい。

□ (九) その町では大水でカオクが流された。

□ (十) キズグチに塩をぬるようなことを言わないでくれ。

計算 第24回 〈かかった時間＿＿＿分〉

□ ① $0.429 \div 0.03 \div 0.11 = \square$ （成城学園）

□ ② $0.2 \div \left\{\frac{2}{3} - \left(\frac{2}{15} + \frac{2}{5}\right)\right\} = \square$ （昭和女子大学附属昭和）

□ ③ $\frac{2}{5} \times 1\frac{1}{4} - \frac{3}{4} \div 2\frac{1}{2} = \square$ （東京学芸大学附属世田谷）

□ ④ $1\frac{7}{20}$時間：□分＝9：5 （恵泉女学園）

□ ⑤ 25人の□%は8人です。 （東京女学館）

□ ⑥ 水320gの中に食塩80gを入れると，濃《のう》度《ど》が□%の食塩水になります。 （大妻）

□ ⑦ $a \div b = \frac{3}{4}$のとき，bはaの□倍です。 （立教池袋）

□ ⑧ 6個200円の品物が9個360円になりました。□%の□（値上がり，または値下がり）です。 （学習院女子）

第二十四回　〈かかった時間　　分〉

□ (一) 英語の授業はクラスを二ブンカツして行っている。

□ (二) 早起きのシュウカンを身につけよう。

□ (三) この庭には何ともいえないフゼイがある。

□ (四) うちの兄はブショウ者で歯をみがかない。

□ (五) ボウリョクをふるうのは考えの浅い証拠《しょうこ》だ。

□ (六) シベリアはゴッカンの地でしょうね。

□ (七) コメダワラをかつぎ上げることができれば一人前だ。

□ (八) 全身をスガタミに映してチェックする。

□ (九) 教会にレイハイをしに行く。

□ (十) トンボのヨウチュウをヤゴという。

計算 第25回 〈かかった時間＿＿＿＿分〉

□ ① $0.9 \div 0.3 + 0.2 \times 0.5 = \square$ （東京学芸大学附属世田谷）

□ ② $0.2 \times \left\{ \frac{3}{4} + \left(1.25 - \frac{1}{5} \right) \right\} \times \frac{1}{12} = \square$ （聖光学院）

□ ③ $1\frac{2}{3} \div \frac{5}{14} \times 2\frac{1}{4} \div 1\frac{1}{6} = \square$ （東京女学館）

□ ④ $(1 + 0.1) \times (1 - 0.1 + \square) = 1.001$ （青山学院）

□ ⑤ 500円の$\frac{3}{25}$は□円です。 （森村学園）

□ ⑥ 4％の食塩水200ｇと2％の食塩水300ｇとを混ぜると，□％の食塩水ができます。 （駒場東邦）

□ ⑦ 2つの数A，Bがあります。Aの$1\frac{2}{3}$倍と，Bの$\frac{4}{15}$倍が等しく，A，B 2数の和は87です。このときA＝□，B＝□です。 （聖光学院）

□ ⑧ ある品物に，原価□円の2割増しの定価をつけましたが，定価の2割引きで売ったので，原価に対して30円の損をしました。 （桐蔭学園）

第二十五回　〈かかった時間　　分〉

□ (一) 私にとって初めて見るゲンショウである。

□ (二) 国民にはノウゼイの義務がある。

□ (三) 彼《かれ》は化学分野でトウカクを現しはじめた。

□ (四) どんな人でも一つや二つ、ヒミツがある。

□ (五) 神社やブッカクを見て歩くのが好きだ。

□ (六) 赤信号でテイシャする。

□ (七) 事件のケイカをもう一度ふり返ってみよう。

□ (八) この製品は彼《かれ》のコウアンによってできた。

□ (九) 大都会の騒音《そうおん》にヘイコウした。

□ (十) あなたの恩をシュウセイ忘れない。

計算 第26回 〈かかった時間＿＿＿分〉

□ ① $3\frac{5}{8}-2\frac{3}{4}+1\frac{1}{2}=\square$ （森村学園）

□ ② $(0.7+\square\div 3)\times 0.8=16$ （香蘭女学校）

□ ③ $7\times(113-8\times\square)-72\div 18\times 3=51$ （早稲田）

□ ④ $1\frac{1}{3}-\frac{5}{12}\times 1\frac{7}{10}+\frac{5}{8}\div 0.15-4\frac{1}{8}=\square$ （聖光学院）

□ ⑤ 2500 円の 1 割 2 分引きの値段は □ 円です。 （明治大学付属明治）

□ ⑥ 6％の食塩水 10 g から □ g の水を蒸発させると，8％の食塩水になります。 （浅野）

□ ⑦ 2 つの商品で，A の定価の 2 割増しの値段と，B の定価の 2 割引きの値段が等しいとき，A の定価と B の定価の比，A：B は □ ： □ です。 （横浜雙葉）

□ ⑧ 原価 200 円の品物に 2 割増しの定価をつけて売ったところ，ある日，300 個売れました。次の日，定価の 1 割引きで売ったところ，600 個売れました。この 2 日間でこの品物を売った利益は □ 円です。 （桐朋）

第二十六回　〈かかった時間　　分〉

□ (一) 彼《かれ》の話はヨウリョウを得ない。

□ (二) 君が優勝をねらうとはカタハラ痛いよ。

□ (三) 遠足の朝だというのにアメフリだ。

□ (四) カンチョウ時には島まで陸続きになる。

□ (五) あのラストシーンはドラマの中でアッカンだ。

□ (六) 仏をクヨウする。

□ (七) 外国とのコウエキを活発にする。

□ (八) 未来をになう子どもたちはワレワレの希望だ。

□ (九) 母はホウモン医療《いりょう》にたずさわっている。

□ (十) 君の意見にイゾンはない。

計算 第27回 〈かかった時間＿＿＿分〉

□ ① $(2.6-0.8)\div 0.9\times 3-(10.8+6.7)\div 7=\square$

（芝）

□ ② $\left(\dfrac{3}{4}\div \square -\dfrac{2}{5}\right)\times 3\dfrac{1}{2}=\dfrac{1}{10}$ （明治大学付属明治）

□ ③ $1\dfrac{1}{7}\div \left\{\left(\dfrac{3}{4}-\dfrac{2}{3}\right)\times \dfrac{6}{7}+\dfrac{1}{2}\right\}=\square$ （早稲田実業学校）

□ ④ $\left(\dfrac{7}{\square}+0.75-\dfrac{1}{3}\right)\times 3-1.95=0$ （早稲田）

□ ⑤ 850円の $\square$ 割引きは612円です。 （山脇学園）

□ ⑥ 春子さんの妹の身長は春子さんの身長の $\dfrac{5}{8}$ にあたり，春子さんより49.5cm低いそうです。妹の身長は $\square$ cmです。

（学習院女子）

□ ⑦ a：b＝7：4，b：c＝6：5，a－b＝18のとき，cは $\square$ です。 （筑波大学附属駒場）

□ ⑧ $\square$ 円の品物を定価の15％引きで買って，2550円はらいました。 （東京学芸大学附属世田谷）

熟語

第二十七回　〈かかった時間　　分〉

□ (一) ルイジした品物が数多く出る。

□ (二) 小説のできばえをヒヒョウする。

□ (三) 合唱コンクールのシキ者を決める。

□ (四) この着物はキヌイトで織られている。

□ (五) お見《み》舞《ま》いにクダモノを持って行く。

□ (六) 身にかかるサイナンをふりはらう。

□ (七) 人民をケンリョクで押《お》さえつける。

□ (八) 役所のキコウは複雑だ。

□ (九) 学生時代に多くの知識をキュウシュウする。

□ (十) 彼女《かのじょ》はようやくキョウチュウを打ち明けた。

計算　第28回　〈かかった時間＿＿＿＿分〉

□ ①　$0.75-\left(2\frac{4}{5}-1\frac{5}{6}\right)\div 5.8=\square$　（青山学院）

□ ②　$1\frac{11}{34}\times\left(\square-\frac{4}{9}\right)=1\frac{3}{17}$　（桜蔭）

□ ③　$100\div 2.1=47.6$ 余り □　（筑波大学附属駒場）

□ ④　$5-3\div\square+\left(1\frac{1}{2}+\frac{1}{3}\right)\times 0.75=\frac{45}{8}$　（早稲田実業学校）

□ ⑤　□ 円の 8 割は 180 円です。　（森村学園）

□ ⑥　3500 a の土地をA，B，C 3 人が，AとBは 5：3，BとCは 4：1 の割合で分けてもらうとすれば，A，B，Cはそれぞれ A □ ha，B □ ha，C □ ha の土地をもらうことになります。　（明治大学付属中野）

□ ⑦　今，兄が 850 円，弟が 550 円持っています。弟から兄へ □ 円あげると，兄と弟の持っているお金の比が 5：2 になります。　（学習院）

□ ⑧　定価 600 円の品物を 2 割引きにして，さらに 30 円値引きすると，売り値は □ 円で，それは結局，定価の □ 割 □ 分引きで売ったのと同じことになります。　（筑波大学附属駒場）

第二十八回　〈かかった時間　　分〉

□ (一) 宝石をゲンジュウに保管する。

□ (二) 「ふるさと」のことを「キョウリ」ともいう。

□ (三) 山を越《こ》すと、すばらしいケイカンが広がる。

□ (四) 落ちついてダンカイを追って説明してください。

□ (五) 私は祝賀会のカンジを引き受けた。

□ (六) ユウグれ時に晩ご飯のにおいがただよう。

□ (七) 路線バスの運行ケイトウを調べる。

□ (八) 終着駅でお金をセイサンする。

□ (九) 心臓から送り出される血液はドウミャクを通る。

□ (十) 昔の暦《こよみ》によると、十二月をシワスといった。

計算　第29回　〈かかった時間＿＿＿分〉

□ ①　$37 - 13.8 + 8.21 - 17.99 = \square$　（成城学園）

□ ②　$\frac{3}{2} : \square = 6 : 1$　（浅野）

□ ③　$1 - \frac{7}{15} \times \frac{45}{91} \times 0.3 \div 0.25 = \square$　（慶應義塾中等部）

□ ④　$10 - \left\{10 - \left(\square - 8\right) \times \frac{1}{2}\right\} \times \frac{1}{3} = 7$　（浅野）

□ ⑤　□人の35%増しは972人です。　（成城学園）

□ ⑥　Aさんは本を読んでいます。1日目は全体のページ数の$\frac{2}{3}$を読み，2日目は1日目の$\frac{2}{7}$を読み，3日目は2日目の□を読むと，その本をちょうど読み終わります。　（栄光学園）

□ ⑦　三角形ABCで，角Aは角Bと角Cの和に等しく，角Bは角Cの$\frac{2}{3}$になるとき，角Cは□度です。　（学習院）

□ ⑧　円柱の形をした水そうがA，B 2つあります。その底面の半径の比は□：3で，高さの比は3：5です。体積比は16：15になります。　（浅野）

第二十九回　〈かかった時間　　分〉

(一) その人はある日ユクエをくらませた。

(二) 五月三日はケンポウ記念日だ。

(三) ペットの名前をレンコしてさがす。

(四) コウゴウ様の手をふる姿が沿道から見えた。

(五) 山里にコウバイが咲《さ》けば、春は目の前だ。

(六) コウテツのように固い意志をもつ。

(七) 彼《かれ》はがんこだがキコツのある青年だ。

(八) グループのハンチョウを任せられる。

(九) 私は高熱のため、学校のホケン室で寝《ね》ていた。

(十) この薬品を使えばカビをジョキョできます。

計算　第30回　〈かかった時間＿＿＿＿分〉

□　①　$\frac{6}{7}$ ： □ ＝ 9 ： 7.7　（香蘭女学校）

□　②　$\frac{3}{5}$ ： 2 ＝ $\left(\frac{1}{10}+\right.$ □ $\left.\right)$ ： $\frac{1}{2}$　（明治大学付属中野）

□　③　$2\frac{1}{3}$ L ： 1400 cm^3 ＝ □ ： □　（慶應義塾中等部）

□　④　$4 \div \{0.55-(0.5-0.05)\} \times 2 =$ □　（山脇学園）

□　⑤　□ kgの35％は1400ｇです。　（立教池袋）

□　⑥　A，B２つの数の和が270で，AはBよりBの$\frac{1}{4}$だけ大きいとき，Aは □ です。　（大妻）

□　⑦　T市のある年の人口は □ 人でしたが，毎年10％ずつ増加して，３年後には173030人になりました。　（栄光学園）

□　⑧　3％の食塩水が200ｇあります。この食塩水に3ｇの食塩を加えると， □ ％の濃《こ》さになります。（答えは四捨五入して小数第１位まで答えなさい。）　（桐蔭学園）

第三十回　〈かかった時間　　分〉

□ (一) ケーキを作るのに粉ザトウが必要だ。

□ (二) 失敗例を数えるとマイキョにいとまがない。

□ (三) 二つの国は貿易に関してドウメイを結んだ。

□ (四) 有識者がザダン会で話し合う。

□ (五) いやな仕事でも彼《かれ》はソッセンして行う。

□ (六) 曲に合わせてサクシをする。

□ (七) 鉄とジシャクがくっつく。

□ (八) 船が広いウナバラをゆうゆうと行く。

□ (九) この地図のシュクシャクは五千分の一だ。

□ (十) 町に緑を増やそうとショクジュ祭が開かれた。

計算 第31回 〈かかった時間＿＿＿＿分〉

□ ① $6-\frac{1}{3}\times 2+\frac{2}{3}\div 3=\square$ （横浜国立大学附属横浜）

□ ② 32で割ると，商が14で余りが20になる数は□です。 （慶應義塾中等部）

□ ③ $36\div 3\frac{3}{7}+\frac{8}{11}\times 3\frac{5}{24}=\square$ （女子学院）

□ ④ $3-\left(\frac{2}{7}+\square\right)\times\frac{21}{100}=2\frac{9}{10}$ （東京女学館）

□ ⑤ $\left(\frac{3}{5}+0.72\right)\times\square+\left(0.5-0.125\div 2\frac{1}{2}\right)=1$ （山脇学園）

□ ⑥ $\left\{\left(2\frac{1}{2}-1.25\right)\div 0.125+3\frac{3}{5}\right\}\times 3.75=\square$ （横浜共立学園）

□ ⑦ 10から引くと4より小さくなり，16から引くと7より大きくなる整数は□と□です。 （青山学院）

□ ⑧ 5種類の色を使って，4つの国を国別にぬり分ける方法は，□通りあります。（ただし，同じ色は2度使いません。） （山脇学園）

第三十一回　〈かかった時間　　分〉

□ (一) キュウゲキに気温が下がる。

□ (二) 兄はシュウショク活動にいそがしい。

□ (三) 法案がシュウギ院で可決した。

□ (四) この絵は私とあゆみさんのガッサクだ。

□ (五) 海外旅行のおミヤゲをもらった。

□ (六) 大好きなハイユウのポスターをはる。

□ (七) お寺からドキョウの声が聞こえてくる。

□ (八) あの子ほどジュンジョウな子を知らない。

□ (九) 会社内に新規事業のためのブショを作る。

□ (十) 横浜《よこはま》の地下街はいつもコンザツしている。

計算 第32回 〈かかった時間＿＿＿分〉

□ ① $19.81 - 9.81 \div 0.9 \times 0.98 = \square$ （恵泉女学園）

□ ② $(12 + 3 \times 6) \times (5 \div \square) = 3$ （横浜雙葉）

□ ③ 0.275時間は，□分□秒です。 （香蘭女学校）

□ ④ $3 \times \left(\frac{2}{3} + 0.5\right) - \left(\frac{3}{5} - \square\right) \div \frac{9}{10} \times 0.75 = 3\frac{5}{12}$

（学習院）

□ ⑤ 時速216km＝秒速□m （明治大学付属中野）

□ ⑥ $\left(4\frac{1}{3} - 3.8\right) \times 1\frac{1}{4} \div \left\{\left(0.25 - \frac{1}{6}\right) \div \frac{3}{4}\right\} = \square$

（桐蔭学園）

□ ⑦ $\frac{1}{5}$より大きく$\frac{1}{4}$より小さい分数で，分母が1けたのものは□です。 （青山学院）

□ ⑧ 0，1，2，3の数字を書いたカードが1枚ずつあります。

これを並べて3けたの整数が□個作れます。

（香蘭女学校）

第三十二回　〈かかった時間　　分〉

□ (一) 一言のベンカイもしない潔《いさぎよ》い態度だった。

□ (二) このサイン色紙は人気歌手のジキヒツだ。

□ (三) 沖縄ショトウを旅行する。

□ (四) この問題集はナンイ度順に並んでいる。

□ (五) あやしい宗教にセンノウされてはいけない。

□ (六) 歴史に関しての本をチョジュツする。

□ (七) 彼《かれ》は特定のセイトウに所属しない国会議員だ。

□ (八) 人間が守るべき道徳をジンギという。

□ (九) ツウカイな冒険《ぼうけん》小説を読む。

□ (十) 一万円を返したので君とタイシャク関係はなくなった。

計算 第33回 〈かかった時間＿＿＿分〉

□ ① $2\frac{1}{6} \times \frac{7}{26} \div 4\frac{2}{3} = \square$ （恵泉女学園）

□ ② $231 - \{35 \times 6 - (87 - 19) \div 17\} = \square$ （早稲田）

□ ③ 10時間7分32秒－2時間42分50秒

＝□時間□分□秒 （山脇学園）

□ ④ $\frac{3}{8} + \frac{5}{8} \times \left(\frac{2}{3} + \frac{2}{5}\right) - \frac{7}{8} = \square$ （明治大学付属中野）

□ ⑤ $\frac{2}{3} \div \frac{4}{9} - \frac{2}{3} \times \left(\square + \frac{1}{4}\right) = 1$ （ラ・サール）

□ ⑥ $\left(\frac{1}{2} + \frac{1}{3} + \frac{1}{4}\right) \div \frac{5}{12} - \left(\frac{5}{7} - \frac{3}{14}\right) \div \frac{5}{6} = \square$ （聖光学院）

□ ⑦ $\boxed{0}$, $\boxed{1}$, $\boxed{2}$, $\boxed{3}$, $\boxed{4}$, $\boxed{5}$の6枚のカードから3枚を取り出して，3けたの整数をつくると，□通りできます。

（香蘭女学校）

□ ⑧ $\boxed{1}$, $\boxed{2}$, $\boxed{3}$のカードがそれぞれ2枚ずつ，合わせて6枚あります。これらを並べて整数をつくるとき，2けたの整数は全部で□個，3けたの整数は全部で□個できます。 （明治大学付属明治）

第三十三回　〈かかった時間　　分〉

□ (一) この品物にはネフダが付いていない。

□ (二) お店の人にリョウシュウ書をもらう。

□ (三) 二十キロの道のりをソウハする。

□ (四) 児童会のソシキを説明してください。

□ (五) 暑いので水分がさかんにジョウハツする。

□ (六) 友達と別れてイエジにつく。

□ (七) 算数でスイチョクと平行を習う。

□ (八) クレオパトラは「ゼッセイの美女」だと言われている。

□ (九) このままではわがチームの敗北はヒッシだ。

□ (十) 洋服のスンポウを測る。

計算　第34回　〈かかった時間＿＿＿分〉

□ ①　$6\frac{2}{5} \div 2\frac{1}{4} - 1\frac{1}{3} \times 1\frac{1}{8} = \square$　（明治大学付属明治）

□ ②　$9\frac{2}{3} - 4\frac{5}{6} + \frac{1}{2} - 2\frac{4}{9} = \square$　（成城学園）

□ ③　$46 \times 39 + 34 \times 78 - 38 \times 117 = \square$　（ラ・サール）

□ ④　$(198.1 - 1.981) \div \square = 19.81$　（青山学院）

□ ⑤　$3\frac{1}{3} \div 2.25 \times 1.2 \div \frac{2}{9} = \square$　（成城学園）

□ ⑥　$1\frac{1}{2} + \left\{\frac{3}{5} \div 1.5 \div \left(\frac{4}{15} \div 5.6 \times 1\frac{1}{20}\right)\right\} \div 2\frac{2}{3} = \square$　（横浜雙葉）

□ ⑦　サイコロを2回ふったとき，出た目の和が10以下になる場合は，全体の $\square$ です。　（横浜雙葉）

□ ⑧　駅が全部で15駅ある鉄道では，例えば

△△駅➡××駅
○○円

というような片道きっぷを $\square$ 種類作らなければなりません。　（早稲田実業学校）

第三十四回　〈かかった時間　　分〉

□ (一) 中心だけでなくハイケイにも色をぬろう。

□ (二) 物見ユサンに来たのではないと先生にしかられた。

□ (三) 名古屋までトラックにビンジョウする。

□ (四) 父のカタミは大切にしまってある。

□ (五) アンケートのヒテイ的な意見にも目を向ける。

□ (六) この先はふれてはならないセイイキだ。

□ (七) 嵐《あらし》によるシケで不漁に終わる。

□ (八) 彼《かれ》は写した写真を自分でゲンゾウする。

□ (九) 家来が主君にチュウセイをちかう。

□ (十) 彼女《かのじょ》はスジガネ入りの活動家だ。

計算　第35回　〈かかった時間＿＿＿分〉

□ ①　$1 \div \left(\frac{5}{6} - \frac{3}{4}\right) \div \square = \frac{1}{12}$　（青山学院）

□ ②　$130 - \{26 \times 4 - (123 - 27) \div 8\} = \square$　（明治大学付属明治）

□ ③　$\frac{1}{2} \div 1\frac{2}{3} \div 0.75 \times \frac{1}{3} \div \frac{4}{7} = \square$　（成城学園）

□ ④　$\{197 - (\square + 8 \times 4)\} \div 7 = 16$　（浅野）

□ ⑤　$27 - \square \times \{3.5 - 3.6 \div (9 \div 8)\} = 15.3$　（早稲田）

□ ⑥　$\left\{\left(2.3 - 1\frac{3}{8}\right) \times 2\frac{2}{3} - 1\frac{1}{3} - \frac{2}{5}\right\} \div 4.4 = \square$　（桐朋）

□ ⑦　２つのサイコロをふって，出た目の数の積が奇《き》数になる確からしさは □ です。　（フェリス女学院）

□ ⑧　大小２つのサイコロを同時にふったとき，目の和が７になる場合の確からしさのほうが，目の和が６になる場合の確からしさより □ だけ大きいです。　（早稲田実業学校）

第三十五回　〈かかった時間　　分〉

□ (一) お客さんをテイチョウにもてなす。

□ (二) これから大会を始めるとセンゲンする。

□ (三) 飛行機のモケイを作って部屋にかざる。

□ (四) 祭りには町内のダシが出る。

□ (五) ぼくのヘヤは南に面して日当たりがよい。

□ (六) 神社のケイダイを散歩する。

□ (七) ガラスのハヘンが指にささった。

□ (八) 今日の空はくもっていてハイイロだ。

□ (九) 母は明日、高校のドウソウ会に行く。

□ (十) 国の未来をワカモノにたくす。

計算　第36回　〈かかった時間＿＿＿分〉

□ ①　$(18 \times 7 - 135 \div 9) \div 37 = \square$　（早稲田）

□ ②　$81 \times \square \div 25 \div 27 = 15$　（横浜共立学園）

□ ③　$\left\{\left(17 - \square\right) \times \frac{5}{6} + 2\right\} \div 2 = 6$　（成城学園）

□ ④　1.5時間：0.5日＝1日：$\square$時間　（横浜共立学園）

□ ⑤　$3\frac{2}{3} \times 1.2 - 7\frac{1}{5} \div 6\frac{3}{4} = \square$　（桐朋）

□ ⑥　$\frac{4}{3} - \left(\frac{5}{8} \times \frac{4}{25} + \frac{1}{12} \div \square\right) = \frac{73}{120}$　（桜蔭）

□ ⑦　7で割ると3の倍数になり，6で割ると5の倍数になる数で，最も小さい数は$\square$です。　（青山学院）

□ ⑧　秒速5ｍの速さを2割増しにすると，時速$\square$㎞の速さになります。　（桐蔭学園）

第三十六回　〈かかった時間　　分〉

□ (一) 安全ソウチが作動する。

□ (二) 心理学者はシンソウ心理をさぐる。

□ (三) Tシャツを好きな色でテゾめした。

□ (四) ずうずうしい奴《やつ》をコウガン無《む》恥《ち》というんだ。

□ (五) 赤ちゃんのことをニュウジという。

□ (六) このハサミは台所でチョウホウする。

□ (七) 今日、お父さんはごザイタクかね。

□ (八) ぼくは固ゆでよりハンジュクタマゴが好きだ。

□ (九) 家族のタンジョウ日を祝う。

□ (十) ツキナみな言葉は印象に残らない。

計算 第37回 〈かかった時間＿＿＿分〉

□ ① $24 \div 6 \times \square - (8 + 4) \div 3 = 16$ （筑波大学附属駒場）

□ ② $\left[120 \div \{75 - (19 - 7) \times 5\}\right] \div 2 = \square$ （明治大学付属中野）

□ ③ $\left(\square + \frac{1}{2}\right) \times \frac{3}{4} + \frac{1}{2} = 1$ （攻玉社）

□ ④ $263 \times 37 - 137 \times 63 = \square$ （慶應義塾中等部）

□ ⑤ $\left(8.35 - 1\frac{3}{8} \times 4.8\right) \div 2\frac{11}{12} = \square$ （桐朋）

□ ⑥ $1.375 - \frac{7}{8} \div 2\frac{1}{3} + 1\frac{3}{7} \times 0.175 = \square$ （早稲田）

□ ⑦ 時速6kmで2kmを進むのには，□分かかります。 （横浜国立大学附属横浜）

□ ⑧ 毎秒20 mの風の速さは，毎時40kmの車の速さの□倍です。 （横浜共立学園）

熟語

第三十七回　〈かかった時間　　分〉

□ (一) ほんとうに君はブキヨウだなあ。

□ (二) あの角の建物がユウビンキョクです。

□ (三) チョスイチのまわりで遊んではいけません。

□ (四) 駅の売店にはシュウカンシがたくさんある。

□ (五) 父がレイゾウコからビールを出しています。

□ (六) ショウガイブツ競走に出る人は集まってください。

□ (七) この辺りはサップウケイなところですね。

□ (八) キショウチョウが天気予報を発表した。

□ (九) なるほど、これはカッキテキなアイデアだ。

□ (十) ボウフウウの中を船は進んで行く。

計算　第38回　〈かかった時間＿＿＿分〉

□ ①　$(3 + \square \div 5) \div 7 = 3$　（浅野）

□ ②　$(1.5 - 1.1 \times \square) \div 0.13 = 9$　（東京女学館）

□ ③　$3.75 - 0.625 \div \dfrac{2}{3} \times \dfrac{4}{9} \div 0.125 = \square$　（慶應義塾中等部）

□ ④　$\left(\dfrac{3}{5} + 2\dfrac{2}{9} \div \dfrac{8}{27}\right) \times 1\dfrac{7}{18} = \square$　（慶應義塾中等部）

□ ⑤　$\square + 2\dfrac{1}{2} \times \left(\dfrac{1}{2} + 3\dfrac{2}{3} - 1\dfrac{5}{6}\right) = 6$　（明治大学付属中野）

□ ⑥　$4\dfrac{3}{8} \div \left(\dfrac{4}{7} + \dfrac{1}{2}\right) - 2\dfrac{4}{9} \times \dfrac{7}{8} \div 1\dfrac{5}{6} = \square$　（桐朋）

□ ⑦　A 市から B 市へ電車で行ってきました。行きは時速 120km，帰りは時速 80kmでした。電車の往復の平均時速は □ kmです。　（香蘭女学校）

□ ⑧　毎秒 15 m で走る電車の時速は □ kmです。　（学習院）

熟語

第三十八回　〈かかった時間　　分〉

□ (一) コンランした世の中を統治する。

□ (二) 先生からのお手紙をハイドクしました。

□ (三) 新制度になって手続きがカンリャク化された。

□ (四) フクシンの部下の裏切りで計画が外にもれる。

□ (五) 一人のフタンを減らすように業務を調整します。

□ (六) お年寄りにケイイをはらう。

□ (七) 万博によるケイザイ効果は大きい。

□ (八) 次の学級委員には彼《かれ》をスイキョすることにした。

□ (九) ゲームで空想世界をギジ体験する。

□ (十) 今の話をビボウロクに書きとめておこう。

計算 第39回 〈かかった時間＿＿＿分〉

□ ① $\left(1-\frac{1}{2}-\frac{1}{3}\right)\div\square\times\frac{1}{4}=1$ （山脇学園）

□ ② $3\frac{1}{9}\div2\frac{14}{15}\times4\frac{5}{7}=\square$ （桐朋）

□ ③ $1.87\times(12.3\times31-12.1\times31)-2.34\times3.2=\square$ （明治大学付属中野）

□ ④ $12\frac{1}{6}\div14.6-\left(\frac{2}{3}-0.5\right)=\square$ （東京女学館）

□ ⑤ $2.5\times3.24-21.5\div(12.3-3.7)=\square$ （桐朋）

□ ⑥ $\left\{1-\square\times\left(\frac{1}{4}\div9\right)\right\}\div\left(\frac{2}{3}-\frac{5}{8}\right)=22$ （聖光学院）

□ ⑦ 時計の短針が８度だけまわるのに $\square$ 分かかります。 （香蘭女学校）

□ ⑧ A，B２地点を往復するのに，行きの速さは毎時48km，帰りの速さは毎時32kmでした。往復の平均の速さは毎時 $\square$ kmです。 （聖光学院）

第三十九回　〈かかった時間　　分〉

□ (一) ピアノのチョウリツをお願いする。

□ (二) コンナンな問題にぶつかる。

□ (三) ゲンミツに言えば、君の説明はまちがっている。

□ (四) トウロンの末、話がまとまる。

□ (五) 相手をソンチョウする気持ちが大切だ。

□ (六) 役所に転居のトドケデをしなければならない。

□ (七) 決勝戦をコウフンしながら見る。

□ (八) ルスの間にだれかが訪ねてきたようだ。

□ (九) ハデな演出で観客を喜ばせる。

□ (十) 案じていたところにロウホウがまいこんだ。

計算　第40回　〈かかった時間＿＿＿分〉

□ ①　$8-3\div0.5+7\div3-1=\square$　（暁星）

□ ②　$\left(1.875-\dfrac{3}{4}\times\square\right)\div2\dfrac{7}{12}=\dfrac{1}{2}$　（東京学芸大学附属竹早）

□ ③　$\dfrac{5}{9}\times3-1\dfrac{5}{7}\div1\dfrac{2}{7}+\dfrac{1}{5}=\square$　（攻玉社）

□ ④　14時間14分÷4時間4分＝$\square$　（慶應義塾中等部）

□ ⑤　3日15時間12分÷3時間38分＝$\square$　（慶應義塾中等部）

□ ⑥　$8.32\div(6.3-3.7)-0.24\times1.5=\square$　（桐朋）

□ ⑦　時計の針が4時20分をさしています。長針と短針のつくる角のうち，小さいほうは$\square$度です。　（香蘭女学校）

□ ⑧　25万分の1の地図上で12㎝の距離《きょり》を，毎時8㎞の速さで進むと，$\square$時間$\square$分かかります。　（山脇学園）

熟語

第四十回　〈かかった時間　　分〉

□ (一) キショウテンケツを考えて文章を書こう。

□ (二) 彼《かれ》は自分の作品をジガジサンした。

□ (三) 故郷でセイコウウドクの生活をした。

□ (四) 前に虎《とら》、後ろに狼《おおかみ》、まさにゼッタイゼツメイだ。

□ (五) 兄は自分の手がらをシンショウボウダイに語った。

□ (六) みんなでソウイクフウして芝居《しばい》の脚本《きゃくほん》を作った。

□ (七) ぼくはムガムチュウで逃《に》げました。

□ (八) そんなシヨウマッセツなことは気にするな。

□ (九) そろそろイチネンホッキしてがんばらなければ。

□ (十) 後から売れ出したあの役者はタイキバンセイ型だ。

解答 6年

計算と熟語

改訂新版

NICHINOKEN
BOOKS

計算

第1回

①0.9 ②2

③15 ④531

⑤208余り300 ⑥255

⑦103 ⑧6

第2回

①$1\frac{5}{6}$ ②250000

③29 ④$3\frac{1}{2}$

⑤28 ⑥477

⑦11時12分 ⑧11

第3回

①5 ②$\frac{11}{16}$

③0.9891 ④$\frac{4}{9}$

⑤1 ⑥9

⑦12 ⑧33，985

第4回

①135 ②$\frac{1}{2}$

③$1\frac{1}{4}$ ④0.3

⑤2時間46分40秒

⑥$\frac{93}{13} > 2.5 \times 2.85 > 7.1$

⑦600 ⑧16，19

熟語

第一回

㈠展覧 ㈢認識 ㈤順応 ㈦非難 ㈨異議

㈡胃薬 ㈣拾得 ㈥貯蔵 ㈧平生 ㈩均整

第二回

㈠愛想 ㈢観測 ㈤出窓 ㈦興味 ㈨険悪

㈡温存 ㈣拡大 ㈥盛大 ㈧功徳 ㈩公私

第三回

㈠熟練 ㈢失態 ㈤自己 ㈦対処 ㈨補給

㈡姿勢 ㈣成就 ㈥頭痛 ㈧菜種 ㈩養蚕

第四回

㈠辞退 ㈢展示 ㈤推移 ㈦制裁 ㈨祝日

㈡認可 ㈣相好 ㈥師事 ㈧腸内 ㈩所持

計算

第5回
①$13\frac{7}{40}$　②24
③$3\frac{1}{2}$　④$\frac{1}{4}$
⑤1　⑥$\frac{17}{30}$
⑦6　⑧x 3, y 9

第6回
①$\frac{1}{3}$　②32
③4　④$1\frac{1}{3}$
⑤$\frac{1}{3}$　⑥$\frac{1}{30}$
⑦11　⑧(エ)

第7回
①25　②$\frac{1}{3}$
③7.952　④$\frac{1}{3}$
⑤$19\frac{14}{15}$　⑥2（説明は略）
⑦奇数のほうが26大きい
⑧301

第8回
①9.2　②80
③2.5　④107.8
⑤12　⑥0.6
⑦1.7　⑧$8\frac{2}{5}$

熟語

第五回
(一)胸元
(二)恩師
(三)孝行
(四)口調
(五)株券
(六)疑問
(七)過言
(八)簡易
(九)愛着
(十)宇宙

第六回
(一)舌先
(二)外傷
(三)貴重
(四)帰省
(五)銭湯
(六)極秘
(七)市街
(八)土俵
(九)謝絶
(十)幼心

第七回
(一)脳裏
(二)伝道
(三)対策
(四)乱暴
(五)優勢
(六)亡国
(七)無難
(八)預金
(九)将来
(十)統率

第八回
(一)重複
(二)相殺
(三)周(衆)知
(四)成仏
(五)信条
(六)精進
(七)救済
(八)従事
(九)家賃
(十)役割

計算

第 9 回

① 394　② 35

③ 5　④ 6543

⑤ $\frac{1773}{7700}$　⑥ $1\frac{9}{16}$

⑦ 10　⑧ 30

第 10 回

① 46　② 0.08

③ $2\frac{1}{3}$　④ 1 時間 23 分 40 秒

⑤ $7\frac{2}{5}$　⑥ 500000

⑦ 1250　⑧ 1.5

第 11 回

① 1.8　② 5

③ $2\frac{1}{4}$　④ 2.6

⑤ $\frac{2}{3}$　⑥ 907.2

⑦ 2 時間 30 分　⑧ 3600

第 12 回

① $\frac{1}{3}$　② 739

③ $\frac{2}{3}$　④ 250

⑤ 35　⑥ 0.728

⑦ 18.56　⑧ 33.28, 16.01

熟語

第九回

(一) 砂場　(二) 産卵　(三) 観賞　(四) 合点　(五) 快方　(六) 有無　(七) 演奏　(八) 街路　(九) 書机　(十) 規律

第十回

(一) 検討　(二) 今生　(三) 価値　(四) 背骨　(五) 祝辞　(六) 成熟　(七) 折半　(八) 冊子　(九) 断固　(十) 治水

第十一回

(一) 天井　(二) 皮革　(三) 本望　(四) 立派　(五) 理論　(六) 遺言　(七) 服装　(八) 不興　(九) 羽織　(十) 体裁

第十二回

(一) 退散　(二) 探求　(三) 節度　(四) 宝船　(五) 処理　(六) 容姿　(七) 昨今　(八) 承認　(九) 潮風　(十) 許可

計算

第 13 回

① 1　② $\frac{5}{6}$
③ $\frac{1}{17}$　④ 215
⑤ 0.147　⑥ 612
⑦ 8 分 15 秒　⑧ 80

第 14 回

① 1560　② $2\frac{1}{3}$
③ 4　④ 1 時間 40 分 48 秒
⑤ 0.4　⑥ 255
⑦ 2　⑧ 3：2

第 15 回

① 3　② $\frac{2}{3}$
③ 0　④ 40
⑤ $\frac{3}{10}$　⑥ $3\frac{1}{2}$
⑦ 0.75　⑧ 12.56

第 16 回

① 117　② $\frac{4}{7}$
③ $\frac{2}{9}$　④ $\frac{1}{6}$
⑤ 7　⑥ 0
⑦ 7　⑧ 5：2

熟語

第十三回

㈠ 勤務
㈡ 間接
㈢ 延期
㈣ 沿革
㈤ 額面
㈥ 看板
㈦ 金棒
㈧ 貴族
㈨ 資源
㈩ 供給

第十四回

㈠ 幕府
㈡ 寒暖
㈢ 賛(讃)美
㈣ 試練
㈤ 穴倉(蔵)
㈥ 正味
㈦ 宿敵
㈧ 危険
㈨ 短縮
㈩ 難民

第十五回

㈠ 日和
㈡ 並列
㈢ 尊敬
㈣ 心肺
㈤ 臨時
㈥ 無視
㈦ 筆舌
㈧ 納得
㈨ 兆候
㈩ 前提

第十六回

㈠ 仕業
㈡ 洗練
㈢ 穀倉
㈣ 功名
㈤ 苦痛
㈥ 干物
㈦ 地域
㈧ 関心
㈨ 源泉
㈩ 遺産

計算	熟語

第 17 回

① 26.65　② 24.99

③ $3\frac{1}{6}$　④ 7

⑤ 0.29　⑥ 1

⑦ 55　⑧ $\frac{30}{31}$

第十七回

(一) 委任
(三) 元来
(五) 逆境
(七) 宗派
(九) 取捨
(二) 改善
(四) 規模
(六) 化身
(八) 建立
(十) 口紅

第 18 回

① 8820　② 2130

③ 2.4　④ 2

⑤ $\frac{3}{4}$　⑥ $3\frac{1}{9}$

⑦ 18　⑧ 4.8

第十八回

(一) 推定
(三) 存在
(五) 貯金
(七) 備考
(九) 布団
(二) 染色
(四) 探検
(六) 得策
(八) 明朗
(十) 万全

第 19 回

① $\frac{3}{14}$　② $\frac{11}{42}$

③ $3\frac{1}{3}$　④ 8

⑤ 12　⑥ $1\frac{1}{12}$

⑦ 96　⑧ 0.7

第十九回

(一) 動静
(三) 専門
(五) 心臓
(七) 五輪
(九) 均等
(二) 補欠
(四) 頂点
(六) 裁判
(八) 夏至
(十) 通訳

第 20 回

① $\frac{3}{22}$　② 8

③ $1\frac{1}{2}$　④ 653

⑤ 0.001　⑥ 14

⑦ 5

⑧ 3 点 12 題，5 点 8 題

第二十回

(一) 形相
(三) 一対
(五) 観劇
(七) 究明
(九) 小銭
(二) 簡潔
(四) 看護
(六) 書留
(八) 陛下
(十) 好評

計算

第 21 回

① 5660　② $\frac{11}{12}$

③ 14　④ $\frac{1}{35}$

⑤ 0.23 余り 0.034　⑥ 3

⑦ 3.8　⑧ $\frac{13}{16}$

第 22 回

① 1　② 20

③ 5　④ 37

⑤ 1 日 23 時間 4 分 5 秒

⑥ $\frac{2}{15}$　⑦ 60

⑧ 21

第 23 回

① $\frac{11}{15}$　② 32

③ 240　④ $3\frac{1}{6}$

⑤ 2　⑥ $\frac{1}{2}$

⑦ $\frac{26}{11}$　⑧ 40

第 24 回

① 130　② $1\frac{1}{2}$

③ $\frac{1}{5}$　④ 45

⑤ 32　⑥ 20

⑦ $1\frac{1}{3}$　⑧ 20%の値上がり

熟語

第二十一回

(一)神秘　(二)会得　(三)時刻　(四)酒盛　(五)俳句　(六)出納　(七)射的　(八)針穴　(九)開幕　(十)風紀

第二十二回

(一)欲望　(二)翌朝　(三)返済　(四)裏表　(五)担当　(六)操縦　(七)生地　(八)謝恩　(九)乗降　(十)映像

第二十三回

(一)周辺　(二)誤報　(三)潔白　(四)警告　(五)工面　(六)皇居　(七)筋肉　(八)確認　(九)家屋　(十)傷口

第二十四回

(一)分割　(二)習慣　(三)風情　(四)無(不)精　(五)暴力　(六)極寒　(七)米俵　(八)姿見　(九)礼拝　(十)幼虫

計算

第 25 回

① 3.1　② $\frac{3}{100}$

③ 9　④ 0.01

⑤ 60　⑥ 2.8

⑦ 12，75　⑧ 750

第 26 回

① $2\frac{3}{8}$　② 57.9

③ 13　④ $\frac{2}{3}$

⑤ 2200　⑥ 2.5

⑦ 2：3　⑧ 21600

第 27 回

① 3.5　② $1\frac{3}{4}$

③ 2　④ 30

⑤ 2.8　⑥ 82.5

⑦ 20　⑧ 3000

第 28 回

① $\frac{7}{12}$　② $1\frac{1}{3}$

③ 0.04　④ 4

⑤ 225　⑥ A 20，B 12，C 3

⑦ 150

⑧ 450，2 割 5 分引き

熟語

第二十五回

(一) 現象
(二) 納税
(三) 頭角
(四) 秘密
(五) 仏閣
(六) 停車
(七) 経過
(八) 考案
(九) 閉口
(十) 終生

第二十六回

(一) 要領
(二) 片腹
(三) 雨降
(四) 干潮
(五) 圧巻
(六) 供養
(七) 交易
(八) 我々
(九) 訪問
(十) 異存

第二十七回

(一) 類似
(二) 批評
(三) 指揮
(四) 絹糸
(五) 果物
(六) 災難
(七) 権力
(八) 機構
(九) 吸収
(十) 胸中

第二十八回

(一) 厳重
(二) 郷里
(三) 景観
(四) 段階
(五) 幹事
(六) 夕暮
(七) 系統
(八) 精算
(九) 動脈
(十) 師走

計算

第 29 回

① 13.42　② $\frac{1}{4}$
③ $\frac{47}{65}$　④ 10
⑤ 720　⑥ $\frac{3}{4}$
⑦ 54　⑧ 4

第 30 回

① $\frac{11}{15}$　② $\frac{1}{20}$
③ 5：3　④ 80
⑤ 4　⑥ 150
⑦ 130000　⑧ 4.4

第 31 回

① $5\frac{5}{9}$　② 468
③ $12\frac{5}{6}$　④ $\frac{4}{21}$
⑤ $\frac{5}{12}$　⑥ 51
⑦ 7，8　⑧ 120

第 32 回

① 9.128　② 50
③ 16 分 30 秒　④ 0.5
⑤ 60　⑥ 6
⑦ $\frac{2}{9}$　⑧ 18

熟語

第二十九回

(一)行方　(三)連呼　(五)紅梅　(七)気骨　(九)保健
(二)憲法　(四)皇后　(六)鋼鉄　(八)班長　(十)除去

第三十回

(一)砂糖　(三)同盟　(五)率先　(七)磁石　(九)縮尺
(二)枚挙　(四)座談　(六)作詞　(八)海原　(十)植樹

第三十一回

(一)急激　(三)衆議　(五)土産　(七)読経　(九)部署
(二)就職　(四)合作　(六)俳優　(八)純情　(十)混雑

第三十二回

(一)弁解　(三)諸島　(五)洗脳　(七)政党　(九)痛快
(二)直筆　(四)難易　(六)著述　(八)仁義　(十)貸借

計算	熟語
第 33 回 ① $\frac{1}{8}$　② 25 ③ 7 時間 24 分 42 秒 ④ $\frac{1}{6}$　⑤ $\frac{1}{2}$ ⑥ 2　⑦ 100 ⑧ 2けた 9 個，3けた 24 個	**第三十三回** ㈠値札　㈡領収 ㈢走破　㈣組織 ㈤蒸発　㈥家路 ㈦垂直　㈧絶世 ㈨必至　㈩寸法
第 34 回 ① $1\frac{31}{90}$　② $2\frac{8}{9}$ ③ 0　④ 9.9 ⑤ 8　⑥ $4\frac{1}{2}$ ⑦ $\frac{11}{12}$　⑧ 210	**第三十四回** ㈠背景　㈡遊山 ㈢便乗　㈣形見 ㈤否定　㈥聖域 ㈦時化　㈧現像 ㈨忠誠　㈩筋金
第 35 回 ① 144　② 38 ③ $\frac{7}{30}$　④ 53 ⑤ 39　⑥ $\frac{1}{6}$ ⑦ $\frac{1}{4}$　⑧ $\frac{1}{36}$	**第三十五回** ㈠丁重　㈡宣言 ㈢模型　㈣山車 ㈤部屋　㈥境内 ㈦破片　㈧灰色 ㈨同窓　㈩若者
第 36 回 ① 3　② 125 ③ 5　④ 192 ⑤ $3\frac{1}{3}$　⑥ $\frac{2}{15}$ ⑦ 210　⑧ 21.6	**第三十六回** ㈠装置　㈡深層 ㈢手染　㈣厚顔 ㈤乳児　㈥重宝 ㈦在宅　㈧半熟卵 ㈨誕生　㈩月並

計算

第 37 回

① 5　② 4

③ $\frac{1}{6}$　④ 1100

⑤ $\frac{3}{5}$　⑥ $1\frac{1}{4}$

⑦ 20　⑧ 1.8

第 38 回

① 90　② 0.3

③ $\frac{5}{12}$　④ $11\frac{1}{4}$

⑤ $\frac{1}{6}$　⑥ $2\frac{11}{12}$

⑦ 96　⑧ 54

第 39 回

① $\frac{1}{24}$　② 5

③ 4.106　④ $\frac{2}{3}$

⑤ 5.6　⑥ 3

⑦ 16　⑧ $38\frac{2}{5}$

第 40 回

① $3\frac{1}{3}$　② $\frac{7}{9}$

③ $\frac{8}{15}$　④ $3\frac{1}{2}$

⑤ 24　⑥ 2.84

⑦ 10　⑧ 3 時間 45 分

熟語

第三十七回

㈠無(不)器用　㈡郵便局

㈢貯水池　㈣週刊誌

㈤冷蔵庫　㈥障害物

㈦殺風景　㈧気象庁

㈨画期的　㈩暴風雨

第三十八回

㈠混乱　㈡拝読

㈢簡略　㈣腹心

㈤負担　㈥敬意

㈦経済　㈧推挙

㈨疑似　㈩備忘録

第三十九回

㈠調律　㈡困難

㈢厳密　㈣討論

㈤尊重　㈥届出

㈦興奮　㈧留守

㈨派手　㈩朗報

第四十回

㈠起承転結　㈡自画自賛

㈢晴耕雨読　㈣絶体絶命

㈤針小棒大　㈥創意工夫

㈦無我夢中　㈧枝葉末節

㈨一念発起　㈩大器晩成

日能研ブックス